IMPRESSUM

Herausgeber: **Präsidium der Österreichischen Akademie der Wissenschaften**
Dr. Ignaz Seipel-Platz 2, 1010 Wien, www.oeaw.ac.at, www.oeaw.ac.at/akademics
Lektorat: **Dr. Stefan Winterstein** | Design und Produktion: **buero8, Wien**
Druck: **Gerin Druck GmbH, Wolkersdorf**

Verlag der Österreichischen Akademie der Wissenschaften
Dr. Ignaz Seipel-Platz 2, 1010 Wien, https://verlag.oeaw.ac.at

ISBN 978-3-7001-8605-2, 1. Auflage 2019
Made in Europe

KÄFER
Naturhistorisches Museum
Goldglänzender Rosenkäfer
gefunden am:
Im Busch neben dem Kompost.

SPIDERMAN
VENUS TRANSIT
POP CORN
SPIDERMAN
SAHRA

Feldmaikäfer
Melolontha melolontha
Länge: bis zu 30 mm;

KNACK
BUH!
Schau mal, du hast da einen Käfer!
Ja, den hab ich gerade auf dem Boden entdeckt.
Sieht der nicht cool aus? Ein Maikäfer.
Bahhh, das ist ja total widerlich!
Ich glaube, der hat sogar Superkräfte!
BZZZ
So ein Blödsinn! Superhelden haben Superkräfte, doch nicht dieses Viech!
PLATSCH

Ein paar Tage später
Felix wird heute anstatt in der Sportgruppe bei uns sein.
So ein Mist!
Da neben Sarah ist noch ein Platz frei.
Och, nicht der!
Wenigstens neben ihr.
Bitte, Frau Wallinger, die Bühne gehört Ihnen.
Hallo, Kinder, ich heiße Corinna und ich arbeite als wissenschaftliche Mitarbeiterin am Institut für Interdisziplinäre Gebirgsforschung an der ÖAW.
Projekttage / Biogruppe
ÖAW, das ist die Abkürzung für Österreichische Akademie der Wissenschaften.
Dort untersuche ich mit meinen Kollegen den Goldlaufkäfer. Der sieht nicht nur voll cool aus, sondern er ist auch sehr nützlich. Manche Käfer haben unglaubliche Kräfte. Einge meiner Kollegen bezeichnen sie sogar als Superhelden.
uppe
Haha, da guckt er jetzt!
Scheinen ja doch krass zu sein, diese Viecher.

Hier seht ihr ein paar Käfer, die bei uns in Österreich vorkommen.
-51-
-52-
-53-
-54c-
-54d-
-54e-
-55-
-52a-
-56-
-57-
-58-
-59-
Bei unserem Projekt »Käfer statt Pestizide« untersuchen wir das Nahrungsverhalten der Käfer. Um herauszufinden, was die Käfer fressen, bringen wir sie dazu, sich zu übergeben.
Hihi!

Am Nachmittag
Mama, ich geh noch mal kurz raus.
OK, sei aber bitte pünktlich zum Essen wieder da!

Felix beobachtet Sarah heimlich aus dem Gebüsch.
Die armen Käfer.
Dagegen muss man doch was tun.
Sarah, komm bitte vom Feld runter, da ist gerade gespritzt worden!
Was meinte die Frau von der ÖAW?
Plötzlich fallen Felix seine Aufzeichnungen aus der Schule ein.
1 PESTIZIDE (GIFTE) töten Unkraut.
2 ABER AUCH ALLES ANDERE
3 Laufkäfer fressen Unkrautsamen.
4 Und könnten anstatt Pestiziden eingesetzt werden.
KLAR!

Am gleichen Abend
ÖAW
ÖSTERREICHISCHE AKADEMIE DER WISSENSCHAFTEN
DIE ÖAW
MITGLIEDER KOMMISSIONEN
FORSCHUNG INSTITUTE
STIPENDIEN FÖRDERUNGEN
VERANSTALTUNGEN KOMMUNIKATION
VERLAG DER ÖAW PUBLIKATIONEN
EN DE
16.10.2017
KÄFER STATT PESTIZIDE
Anders als beispielsweise Schmetterlinge werden Käfer häufig nicht für sonderlich attraktiv gehalten. Trifft man jedoch auf den Goldlaufkäfer, kann das die Meinung schnell ändern. Denn nicht nur das Aussehen macht Käfer wie diesen so besonders, sondern vor allem dessen Leistung für Ökosysteme, wie ÖAW-Biologin Corinna Wallinger schildert.
Als Ökosystemleistung wird jener Nutzen bezeichnet, den die Natur für die Menschen erbringt. Der Speiseplan der Laufkäfer ist sehr vielfältig, anders als jener der beliebten Marienkäfer, die nur auf Blattläuse spezialisiert sind. Laufkäfer hingegen fressen alle möglichen Insekten, Unkrautsamen, Spinnentiere, Schadschnecken – ja mitunter sogar Mäusebabys. Damit haben diese Käfer das Potential, regulierend in landwirtschaftlichen Ökosystemen zu wirken. Sie können ein Massenaufkommen von Schädlingen verhindern, oder aber einen entscheidenden Einfluss auf den Unkrautbestand haben. Laufkäfer liefern also gleich zwei dieser Ökosystemleistungen: die Regulation von Schädlingen und das Fressen von Unkrautsamen.
„Noch wissen wir aber wenig über die tatsächliche Nahrungswahl der verschiedenen Laufkäfer in unseren Feldern. Welche Arten etwa sind hier besonders effektiv in der Regulation von Unkraut oder von Nacktschnecken? Um das zu verstehen und gegebenenfalls auch im landwirtschaftlichen Kontext gezielt nutzen zu können, haben wir die verschiedenen Arten von Laufkäfern in Getreidefeldern untersucht und auch Feldexperimente durchgeführt", sagt Corinna Wallinger, vom Institut für Interdisziplinäre Gebirgsforschung der Österreichischen Akademie der Wissenschaften (ÖAW). Sie analysiert seit vergangenem Jahr die Ökosystemleistungen von Laufkäfern in einem vom Wissenschaftsfonds FWF geförderten Projekt.
Erstmals Feldforschungen außerhalb des Labors
INFORMATIONEN
Corinna Wallinger studierte Biologie an den Universitäten Innsbruck und Wien. Nach ihrer Promotion an der Universität Innsbruck war sie von 2006 bis 2016 am dortigen Institut für Ökologie beschäftigt. Seit vergangenem Jahr ist sie als wissenschaftliche Mitarbeiterin am Institut für Interdisziplinäre Gebirgsforschung der ÖAW in Innsbruck tätig.
INSTITUT FÜR INTERDISZIPLINÄRE GEBIRGSFORSCHUNG DER ÖAW
"Trophic assessment of ecosystem services provided by carabid beetles in agricultural land" lautet der Titel ihres aktuellen Forschungsprojekts zu den Ökosystemleistungen von Laufkäfern, das vom Wissenschaftsfonds FWF gefördert wird.
PROJEKTWEBSITE
AN: SARAH KERMANI
SENDEN

BLING
Er scheint sich ja doch für Käfer zu interessieren.

Am nächsten Tag
Ob sie wohl kommt?
WUFF WUFF
Super! Ich wusste, dass du kommst.
Ich musste eh mit dem Hund raus.
HÜPF HÜPF
SCHLECK SCHLECK
Und, machst du mit?
Wobei?
Na, du weißt schon.
WUFF WUFF
Das bringt doch nichts. Als ob der Kolanski auf uns Kinder hören würde!
Aber wir können ihm zeigen, dass es anders geht. Vielleicht weiß er es ja nicht besser.
HECHEL HECHEL

Nein, keine Lust! So doof kann der doch nicht sein. Außerdem bist du gemein!
JAUL
Schau mal, die Laufkäfer!
Ich hab sie vom Feld, sie haben es überlebt.
Kommst du mit? Wir können sie drüben auf der Wiese aussetzen.

Meinst du, Frau Sagmeister würde mitmachen?
Klar, die ist doch voll engagiert.
Wir können es ja erst mal alleine versuchen, und wenn es nicht klappt, fragen wir Frau Sagmeister, ob sie uns hilft.
KLICK

Und so ...
Hallo, Herr Kolanski!
Hallo, Kinder!
Sarah und Felix berichten Herrn Kolanski vom Projekt »Käfer statt Pestizide«.
HA HA HA
Nein, Kinder, das ist nichts für uns.
Ich muss jetzt leider los. Aber schön, dass ihr mich besucht habt.

Einige Tage darauf
POHL Reisen
Innsbruck
KINDER, wir sind gleich da.
Frau Wallinger erwartet uns schon.
SK8 OR DIE!
Voll cool, dass ihr diesen Ausflug organisiert habt.
Ja, vor allem gibt's heute bestimmt keine Hausaufgaben.
ict
Hallo, Kinder! Schön, dass ihr mich heute hier am Institut für Interdisziplinäre Gebirgsforschung besucht!

Das ist der Hauptsitz der ÖAW in Wien ...
... und das sind meine Kollegen beim Untersuchen des Regurgitats, oder anders gesagt: der Käferkotze.
SCHMUNZEL
Hi Hö Hi
Bevor wir das Erbrochene untersuchen, müssen wir die Käfer erst einmal einfangen.
Natürlich setzen wir sie nachher wieder aus.
Im Labor werden die Käfer Kopf voraus in einem Reaktionsgefäß kurz in heißes Wasser gesteckt.
WAS FÜR EIN STRESS
Dadurch wird eine natürliche Abwehrreaktion der Käfer ausgelöst, und sie müssen kotzen.
Das Regurgitat, also der Nahrungsbrei, wird dann im Molekularlabor untersucht.
Dadurch erfahren wir z.B., wie viel Unkrautsamen und Blattläuse die Käfer gefressen haben.
Die so gewonnenen Erkenntnisse helfen uns zu verstehen, wie wir die Käfer noch besser in der Landwirtschaft einsetzen können.
TUSCHEL TUSCHEL
Nach der Führung erzähle ich euch noch, was man alles tun kann, damit sich die Käfer auf landwirtschaftlichen Flächen wohlfühlen.
KINDER, hört bitte gut zu, ihr müsst eine kleine Info-Broschüre anfertigen. Diese können wir dann an die Bauern in unserer Gegend verteilen. Ihr dürft in Zweierteams arbeiten. Abgabe ist nächste Woche.

Eine Woche später
Guten Tag!
GLÜHPOSAAT
Hallo, Sie müssen Frau Sagmeister sein.
Ja, genau.
Schön, dass Sie sich heute wieder Zeit für uns nehmen.
Wir wollten Ihnen das gerne persönlich übergeben.
Käfer statt Pestizide
EIN PROJEKT DER KLASSE 5b
Das ist eine Info-Broschüre, die die Kinder selbst erarbeitet haben.
Ach, diese Käfer schon wieder ...
Frau Wallinger von der ÖAW hat uns erklärt, dass es nicht einfach ist, Ihren Betrieb von heute auf morgen umzustellen.
Es muss natürlich erst ein passender Lebensraum für die Käfer geschaffen werden.
Wir haben Ihnen alles in der Broschüre zusammengefasst.

Das erscheint erst einmal alles aufwändiger, und natürlich ist es einfacher, alle Schädlinge mit Gift zu töten, aber das Zeug landet ja am Ende auch auf unseren Tellern, Herr Kolanski.
Und viele Tiere und Pflanzen sterben auch dabei.
Die Kinder haben Recht, eine Umstellung wäre auf lange Sicht für alle gut.
Opa!
Opa!
!
Na, wollt ihr mir helfen?
Nein, Oma schickt uns. Das Essen ist fertig.
Ich muss zu Tisch. Danke für euren Besuch. Ich überleg mir das mit der Umstellung.
Komm, Opa!